哇，科学可以这样学

这就是科技

恐龙小Q少儿科普馆 编

北京出版集团
北 京 出 版 社

目录

内江
外江

TV

都江堰水利工程

都江堰水利工程位于四川省成都市，始建于先秦时代，是迄今为止世界上留存年代最久远，并且仍在使用的无坝引水的水利工程，被誉为“世界水利文化的鼻祖”。

鱼嘴

鱼嘴位于江心，是一个分水堤坝，它将岷江分成内江和外江。其中内江用于农田的灌溉，外江用于洪水的排泄。

内江

外江

飞沙堰

为了进一步分流洪水，李冰等人还在鱼嘴分水堰和离堆之间修建了飞沙堰。飞沙堰的第一个作用是泄洪，第二个作用是“飞沙”。

整个都江堰工程主要由宝瓶口、鱼嘴和飞沙堰3个部分组成，下面就让我来带你认识。

内江河床低，江面窄；外江河床高，江面宽。枯水季节，60% 的江水进入内江，40% 的江水顺外江流走；洪水季节，60% 的江水被外江引走，只有 40% 的江水流向内江。

物体受热后会膨胀，遇冷后会缩小，如果突然从很高的温度降到很低的温度，就容易开裂。工匠们先火烧山石再浇以冷水使其爆裂，运用的就是热胀冷缩的原理。

开凿宝瓶口的难度和工程量是最大的。因为当时火药还没有发明，为了开凿玉垒山，工匠们先用大火烧山石，然后向石头上浇灌冷水，石头在冷热的刺激下便会爆裂。开凿之后的玉垒山山口远远望去像一个瓶口，于是人们便为它取名“宝瓶口”。

宝瓶口

宝瓶口像一道闸门，当进水量饱和后，多余的水会从旁边的飞沙堰溢出。

领先世界的天文科技

古人用浑仪观测天文，用浑象演示天象，而这种将浑仪、浑象和报时装置结合在一起的大型天文仪器就是水运仪象台，由北宋时期的苏颂、韩公廉等人设计制造，堪称世界上最早的天文钟。

这架仪器既要解决水作动力、时间显示精度等问题，又要实现与天体运行同步的传动系统，非常复杂，并且当初全靠手工制作装配，难度特别大。

这真的是太神奇了。

除了水运仪象台之外，古代中国还有很多伟大的天文仪器呢，比如简仪。

简仪由两个垂直的大圆环和一个窥管组成，能够直接测量天体的位置。使用的时候只需要将中间的窥管对准需要测量的星体，就能够在圆环的刻度上直接读出星体的位置。

水运仪象台以水为动力，上窄下宽，横截面呈长方形，从上到下共分为三大层。
上层是一个带顶的平台，里面放有一座浑仪。
中层是一间没有窗户的“密室”，里面放置着浑象。天球的一半隐没在“地平”之下，另一半露在“地平”之上，靠机轮带动旋转，一昼夜转动一圈，真实地再现了星辰的起落等天象的变化。
下层包括报时装置和全台的动力机构等。

四大发明我知道

指南针、造纸术、印刷术、火药是中国古代的四大发明，对中国古代政治、经济、文化的发展产生了巨大的推动作用，后经各种途径传至西方，对世界文明的发展同样产生了巨大的影响。

指南针

指南针，古时的名字叫司南，是中国古代劳动人民在长期的实践中对磁石磁性认识的成果。它的出现，不仅为人们的出行、旅游提供了便利条件，还让东西方之间的商路变得更加畅通了。

火药

火药诞生于炼丹家的丹炉。起初，他们把这种炼成的丹称为“着火的药”。在春秋战国时代火药曾应用于民间，唐朝末年起被用于军事，经过技术的改进发展，在宋代时发展成为杀伤力很强的武器。

毒药烟球

火龙出水

地球是个大磁体，磁场南极在地理北极附近，磁场北极在地理南极附近。用天然磁铁石琢成一个勺形的东西，放在一个光滑的盘上，盘上刻着南北方位，利用磁铁指南的作用，就可以辨别方向了。

炼丹一不小心就发明了火药。

火药是很危险的，小朋友一定要远离它们哟！

造纸术

在文字发明以前，人们用结绳法记事。到商朝中后期，人们才在龟甲兽骨上刻字，即甲骨文。甲骨由于不易得到且笨重，所以使用范围不广，主要用于记录占卜的卜辞。

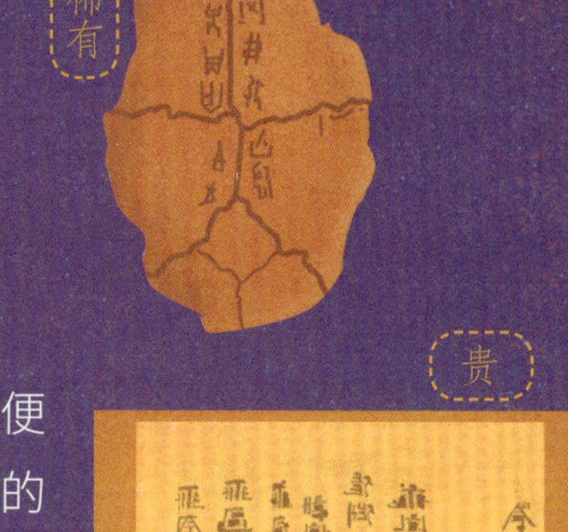

当文化发展到一定阶段后，简牍开始代替甲骨。但是简牍的面积比较小，写一篇文章或一封信往往需要很多片，非常不方便携带。

之后，人们为了方便写作，又开始采用一种新的书写材料——绢帛。绢帛比简牍轻便得多，但价格太昂贵了，一般人用不起。

贵

东汉时期，蔡伦用树皮、麻头及敝布、渔网等原料，经过挫、捣、抄、烘等工艺改进了纸。这种纸，原料容易找到，又很便宜，逐渐被普遍使用。为纪念蔡伦的功绩，后人把这种纸叫作“蔡侯纸”。

树皮、麻头、敝布

在石灰水中浸泡

蒸、煮、捣

打成纸浆后抄纸

晾晒成型

印刷术

纸张被发明出来之后，大大提高了书写的效率。但要抄写整本的书籍，尤其是同一本书，如果需要多份，全用手抄就太耗时耗力了。这时，印刷技术的出现就显得尤为重要。

唐朝时，雕版印刷术诞生了，但是雕版的雕刻费时费工，存放也非常占地方，书板上有错误也不便修改。经过不断的探索和改进，更先进的活字印刷术诞生了。

雕版印刷

活字印刷

北宋庆历年间（1041—1048年）中国的毕昇发明的泥活字，标志着活字印刷术的诞生。

国外的古代科技

古代建筑遗迹，是祖先重要精神文化的载体，以一种独特的方式来向我们叙说历史。通过对古代建筑的研究，我们可以了解很久以前的建筑技术和文明。

抗震的帕提侬神庙

古希腊帕提侬神庙始建于公元前 447 年，公元前 438 年正式启用，大部分结构都是由石块堆砌而成。

为了保证神庙结构的稳定，工匠们在石块的衔接处塞入特制的“工”字形铁夹固定，为了避免铁夹生锈，还特意用铅水对铁夹进行了密封。

神庙的石柱则是由圆柱形的石块堆砌的，两个石块中间由木质的插销连接，这些连接处看起来就像一个个关节，能够保证建筑主体在地震中摇晃但不坍塌。

神庙精美的雕塑、整体造型的设计，也一直都是最为人称道的地方，对后世欧洲文化的发展有着重大的影响。

经过检测，人们发现这根铁柱中的含磷量很高，当磷与铁、空气接触发生化学反应时，能够形成一层保护膜，避免了铁柱生锈。

不生锈的德里铁柱

位于印度德里市的德里铁柱高 7.25 米，直径约 0.5 米，重 6.5 吨，表面刻有梵文，至今已有 1500 多年的历史了。神奇的是，这么多年过去了，铁柱竟然几乎没有生锈。

古罗马引水渠

古罗马的供水系统十分发达，引水渠能够将贮存在城市周围池塘里的水输送进罗马城，从而满足城市用水需要。引水渠通常埋入地下，渠顶有盖板，以防输送的水受到污染，遇到障碍时则会架起高桥。除了高架桥以外，很多地方的引水渠还配有不同材质的水管，以便输送到各家各户。

在古罗马，人们把水当成神来崇拜，水源充足被认为是富贵的象征、权力的体现。

净水槽

虹吸式水路

储水槽

渡槽分上、下两层，距地面最高高度为 29 米。

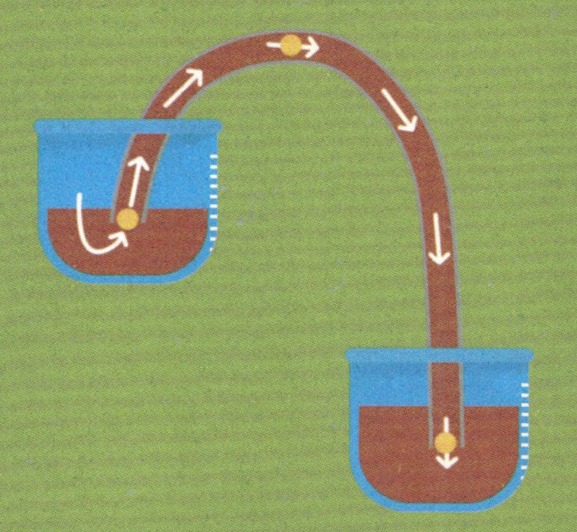

虹吸是利用液面高度差的作用力现象，可以不用泵而吸抽液体。罗马人依照地势根据实际需要，间断性选择管道或者水道，交替利用重力和虹吸原理来推动水流流向罗马。

便捷的交通

1785年，瓦特改良的蒸汽机在各个行业开始投入使用，节约成本的同时大大提高了产量和效率，工厂随之诞生，人类社会开始进入“蒸汽时代”。

火车发展的过程

世界上第一辆蒸汽机车诞生于1814年，叫作“布拉策号”，由英国人乔治·斯蒂芬森发明。他将蒸汽机安装在车上，通过蒸汽机烧煤产生的热量带动机车前行。之后研发的“火箭号”结构更加完善，已经初具现代蒸汽机车的基本特征。

轮船发展的过程

世界上第一艘蒸汽轮船是由富尔顿制造的，不过可惜的是，这艘轮船在试航中“死于”一场风暴。直到1807年，他建造的“克莱蒙特号”试航成功，蒸汽轮船才正式开始投入使用。

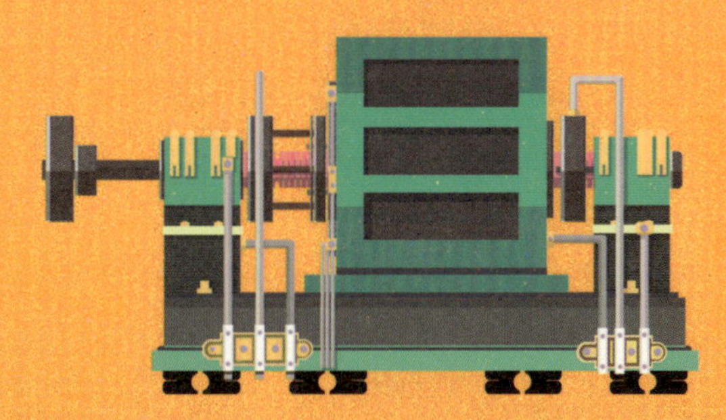

19世纪中期，德国人西门子改良了发电机，之后电开始代替蒸汽成为机器运转的动力。两次工业革命促使了人类的进步，生产力在这一时期飞速发展。这一时期的种种发明对人类社会的经济、政治等都产生了十分深远的影响。

飞上蓝天

在飞机出现以前，滑翔机已经十分成熟了，人们试着将内燃机与滑翔机结合，利用内燃机动力飞行，不过一直没有成功。直到1903年，莱特兄弟发明的“飞行者一号”成功试飞，人类社会的飞行时代才正式来临。

“飞行者一号”在设计上，增大了机翼的面积，使飞机能够获得最大的升力；能够直接控制机翼的结构使飞行员更容易地操纵飞行的方向、姿态。

列车还可以多快？

目前，中国是世界上高速铁路发展最快、规模最大的国家，中国高铁的最高运营时速可达 380 千米。在此基础上，中国科技工作者继续大步向前，尝试研发一种新的交通工具，速度将是现有高铁的 10 倍，最高时速可达 4000 千米。它，就是高速飞行列车。

高速飞行列车利用磁悬浮技术，与地面脱离接触，减小摩擦阻力，利用低真空管道线路大幅度减小空气阻力，并以强大的加速能力和高速巡航能力实现超高速运行。

为什么高速飞行列车能跑这么快呢？

高速飞行列车不同于普通高铁，它有点像动漫里的胶囊列车，每一个胶囊都被放置于低真空管道中，并通过超声速运行全面减少空气阻力。这种列车能将空气阻力降低到传统高铁的 3%，再加上磁悬浮技术，全速开动的列车可以整车悬浮在空中，是名副其实的“高速飞行”。

这么快！能不能给飞机留点面子！

列车将实现无接触稳定行驶和全程精准加减速，运行控制系统实现全线路安全可控，并为乘客提供安全舒适的乘坐空间。未来长途旅行，人们可以不用再坐飞机，免去提前几个小时去候机室的麻烦。

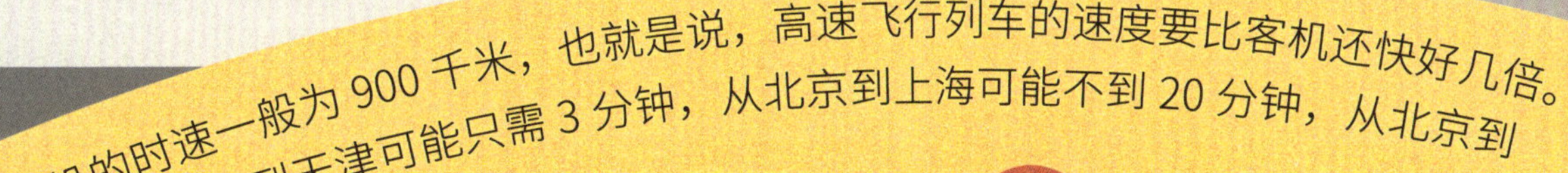

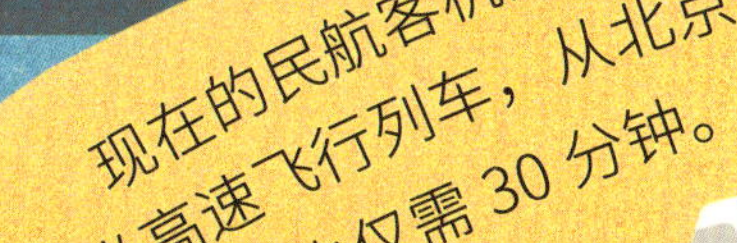

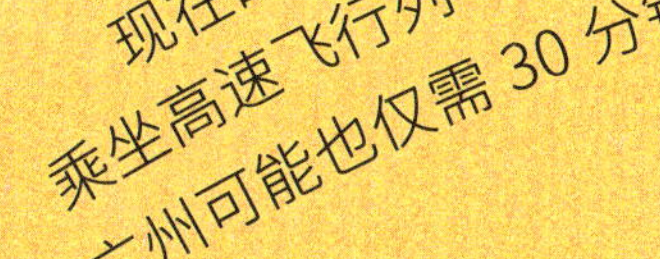

现在的民航客机的时速一般为900千米，也就是说，高速飞行列车的速度要比客机还快好几倍。乘坐高速飞行列车，从北京到天津可能只需3分钟，从北京到上海可能不到20分钟，从北京到广州可能也仅需30分钟。

不到20分钟

上海

北京

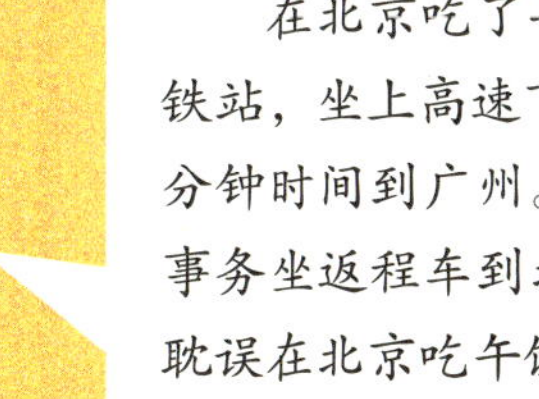

在北京吃了早饭，出门去高铁站，坐上高速飞行列车，花30分钟时间到广州。在那里处理完事务坐返程车到北京，一点儿不耽误在北京吃午饭。

30分钟

广州

3分钟

天津

时代在发展，科技在进步。作为拥有全新理念和技术的新一代交通系统，高速飞行列车值得人们期待！随着新一代技术革命的不断突破，以5G和人工智能技术为代表的新技术也将应用于高铁中，未来无人驾驶高铁将不再是梦。

电影的伟大飞跃

电影放映机以每秒 24 幅或更多幅（每幅画面也称为一帧）的播放速度将画面投射在银幕上，依靠“视觉暂留”现象让观众产生错觉，让一幅幅静止的画面成为一个活动的影像。

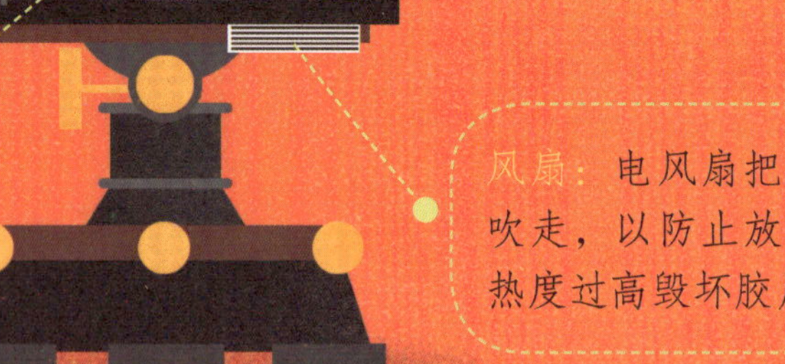

中国人自己拍摄的第一部电影是由京剧名家谭鑫培出演的《定军山》，在 1905 年放映。

电影是一种表演艺术与科技紧密结合的艺术形式，人类在科技方面的一个微小的动作，就很有可能把电影的技术发展向前推进一大步。昔日人类社会出现的多次技术浪潮中，有 3 项技术分别标志着电影发展历程中的 3 次伟大的飞跃。

第一次飞跃：从无声到有声

电影自诞生以来，如何做到声画同步这一问题一直让电影人和科学家为之头疼。直到 1906 年，李·德弗雷斯特发明了真空三极管，才使得声音信号转化为电子信号成为可能。随后，光电管的诞生，终于让电影从一门纯视觉的艺术，变成了可以综合运用视听手段的艺术。

第二次飞跃：从黑白到彩色

1932 年，美国特艺彩色公司研制出了“特艺彩色”新工艺，有了这种新技术，彩色电影便呈现出了黑白电影无法施展的魔法，实现了第二次飞跃。

这种新工艺实际上就是“染印”。首先，在一台特制的摄像机里装上 3 条黑白片，拍摄时在这 3 条黑白片的前面分别加上红、绿、蓝 3 个滤色片，从而将景物分别摄制成感红、感绿、感蓝 3 条分离底片。然后，用这 3 条分离底片制成 3 条浮雕影片。最后，再将事先已印制好声带的空白片，和染有与 3 原色成补色的青、红、黄浮雕片，分 3 次叠印在一起，彩色影片就制成了。

第三次飞跃：从 2D 到 3D

最早的 3D 电影出现在 1952 年，但那时的技术比较粗糙。真正意义上的 3D 电影，直到 21 世纪初才兴起。3D 与 2D 的不同，在于观众在感受到“上下”和“左右”两个维度的基础上，增加了“前后”这一新的维度。电影只有从平面变成立体，才能真正给观众带来身临其境的光影体验。从 2D 跃升到 3D，其意义毋庸置疑，是划时代的。

而现在，随着科技的发展，又诞生了 4D 电影、5D 电影。5D 电影可以让观众的听觉、视觉、嗅觉、触觉、动感达到最强大的逼真感，能够放大周围环境的真实感。观众在观看电影时，不仅可以“触摸”到电影中的物体，还能“遇到”刮风、下雨、雷电等场景，让人身临其境，妙趣横生。

我喜欢的新“玩具”

移动电话的诞生

现在，智能手机几乎已经成了人类生活的必需品，但手机诞生至今才不到百年。从贝尔发明固定电话开始，人们就在不断提升通信设备的更新速度。由于固定电话并不能解决人类实时沟通的需要，于是，移动电话诞生了。

第一代移动电话“大哥大”诞生于1973年，10年后才在市场正式推广，并且只能打电话。后来随着技术的发展，手机的功能变得越来越多，渐渐演变成了我们现在使用的智能手机。

电脑

电脑也叫电子计算机，是现代人生活的另一种必需品，最初主要用于科学计算和研究，后续又增加了一些其他的功能，例如数据处理、软件运用等。

电视机

第一台电视机面世于 1925 年，由英国的电子工程师约翰·罗杰·贝尔德发明。到 1928 年，美国的 RCA 电视台率先播出第一套电视片 *Felix The Cat*，从此，电视机开始改变人类的生活、信息传播途径和思维方式。

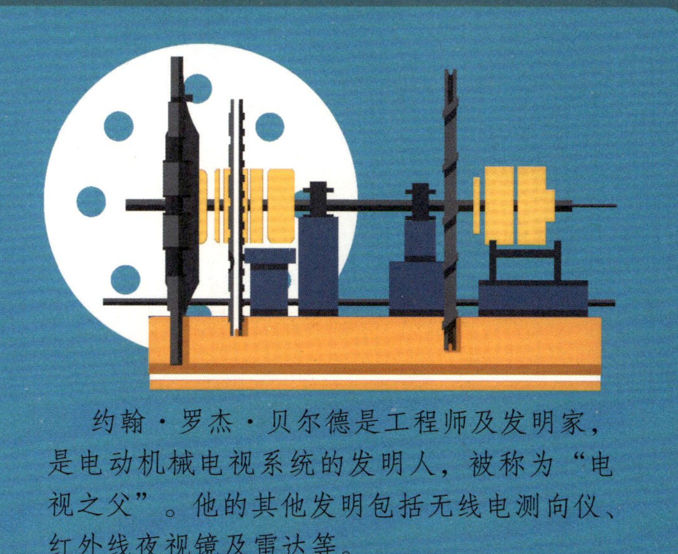

约翰·罗杰·贝尔德是工程师及发明家，是电动机械电视系统的发明人，被称为“电视之父”。他的其他发明包括无线电测向仪、红外线夜视镜及雷达等。

电子阅读器、卡拉 OK、游戏机

除了手机、电脑、电视机以外，还有很多的电子产品，如电子阅读器、卡拉 OK、游戏机等，都大大地丰富了人们的生活。

逃不掉的网——互联网

我们的生活中遍布各种各样的网络，而在这些网络中，有一种规模最大、覆盖面最广、使用最方便，它就是最近30年逐渐兴起的互联网。

目前，世界上大约有10亿台计算机和30亿部手机通过互联网相互连接。

什么样的网络能把天下所有的机器都连接起来？

传统的互联网当然不行。互联网是用光纤线连接起来的，假如每个机器后面都连着一根光纤，那整个世界就全乱套了。所以，如果想把天下所有的机器都连接起来，必须用无线网络，也就是移动互联网，我们现在用的手机就是使用移动互联网上网的。

利用移动互联网进行信息交换的基本优点：

1. 不受空间限制
2. 具有时域性（更新速度快）
3. 具有互动性（人与人、人与信息之间可以互动交流）
4. 使用成本低（通过信息交换，代替实物交换）
5. 发展趋向于个性化（容易满足每个人的个性化需求）
6. 使用者众多
7. 信息储存量大、高效、快速
8. 以多种形式存在（视频、图片、文字等）

手机是如何连接到移动互联网的呢？

当我们用手机上网浏览某个信息的时候，它会向周围发射一股看不见的电磁波信号。这时，如果附近的某个通信基站接收到了这股信号，它就会向手机发出一股应答的电磁波信号。在电磁波的帮助下，手机和基站之间就形成了一个数据连接。

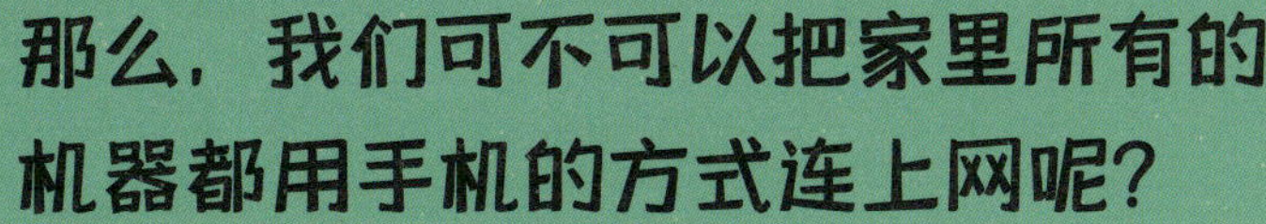

那么，我们可不可以把家里所有的机器都用手机的方式连上网呢？

从理论上讲可以，但是现有的移动通信网络容不下这么多机器。如果想让这么多机器同时上网，实现万物互联，需要全面升级我们的网络，将它升级成更先进的第五代移动通信网络，也就是 5G 网络。

4G 网络升级成 5G 网络，至少要进行 3 项升级：

1. 扩大网络容量，让网络能够容纳所有的机器同时上网。
2. 信息传输速度要加快，让所有机器可以同时上传和下载大量数据。
3. 加快网络的响应速度，让数据随到随走，不再排队等待。

人造卫星驾到

第一颗人造卫星诞生于 1957 年 10 月 4 日，距离现在已经 60 多年了，通信、遥感、定位是人造卫星在太空中每天都要做的工作。

人造卫星为什么要在太空工作？

1. 在太空可以看得非常远。
2. 更加安全。太空中几乎什么都没有，而地球上有地震、台风、洪水等自然灾害，会破坏通信设施。
3. 在太空中可以观察人类无法进入的极端恶劣环境。在过去，科学家为了探测大自然，常常需要付出生命的代价，而现在，只需要实时监测人造卫星传回来的信息就可以。

以人造卫星为基础的全球导航系统

目前的全球导航系统共有 4 家：

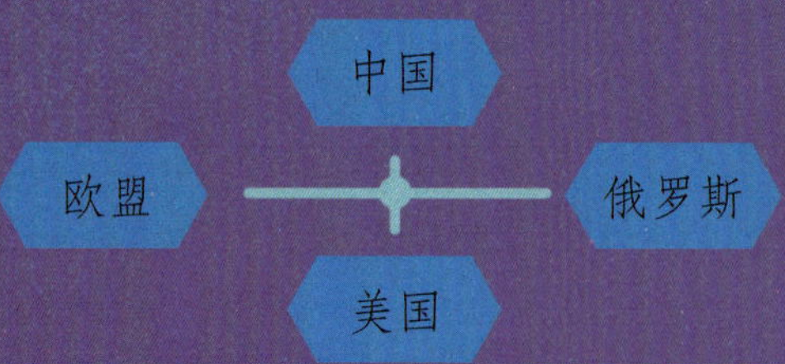

目前使用比较广泛的全球定位系统（GPS）是由美国研发的，利用围绕在地球周围的 24 颗人造卫星，在全球范围内进行导航服务。除了卫星以外，GPS 定位还需要地面天线、监测站等设施的同步运行。

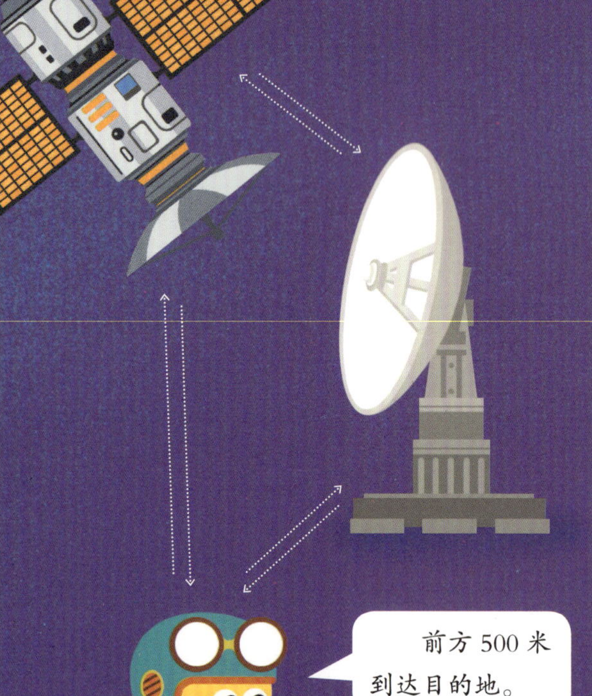

在现代化的战争中，配备了导航系统的武器能够做到十分精准的打击。

在一些野外救援、海上救援等活动中，也需要依靠导航系统的精确定位。

在野生动物保护研究方面，导航系统同样起着重要作用。

我国自主研发的北斗系统

2020 年，由中国自主研发的“北斗三号”全球卫星导航系统正式开通。北斗系统自投入使用以来，在很多方面都发挥了重要作用。

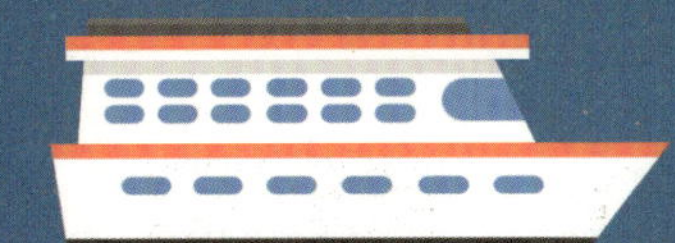

在 2020 年湖南省常德市石门县发生的泥石流事件中，因为北斗系统的成功预警，村民得以及时撤离，避免了人员伤亡。

新冠肺炎疫情期间，在武汉火神山、雷神山医院的建设中，北斗系统也成功帮助测绘设备很快地完成了测量任务，为医院的建设争取了宝贵时间。

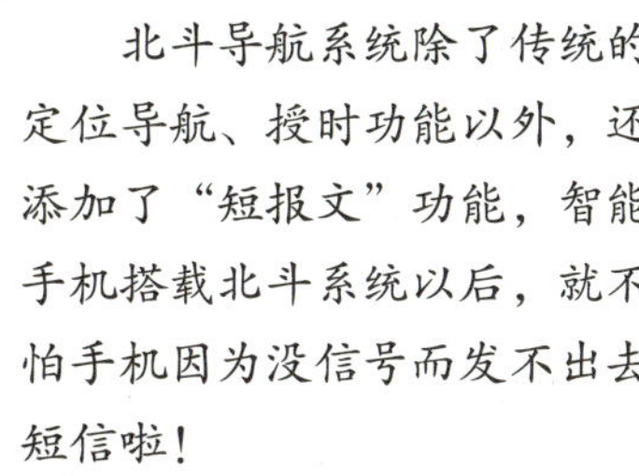

我们渔民再也不用租昂贵的卫星电话啦！

你知道吗？

把卫星送上天需要消耗很多很多燃料，以前，每颗卫星都像大象一样重，送卫星上天是一件非常奢侈的事情。而现在，随着科技的进步，可以达到同样效果的卫星的体积已经越变越小，重量也越变越轻了。

这颗卫星像豹子一样轻。

这颗卫星像小狗一样轻。

这颗卫星像仓鼠一样轻。

人造卫星就像我们家里的冰箱、电脑、洗衣机一样，也有使用寿命。寿命短的卫星只能使用 2 ~ 3 年，寿命长的卫星可以使用 10 ~ 15 年。不过，如果我们不断派飞船飞到太空中对人造卫星进行维护的话，它的寿命就可以大幅延长。

买东西不用“钱”

万物可扫码

正规商品的包装上一般都会有一个黑白相间的条形码，只要简单地扫一下条形码就能够得知商品的产地、日期、价格等信息。

人们把产品的信息按照一定的规则编制成条码，在进行激光扫描时，这些颜色不同、宽度不同的条码就会使接收器收到不同强度的反射光信号，之后接收器会将光信号转化成电信号，计算机再通过电信号读取其中的信息。

不用那么麻烦，扫这个就可以啦！

那袋小鱼干多少钱？

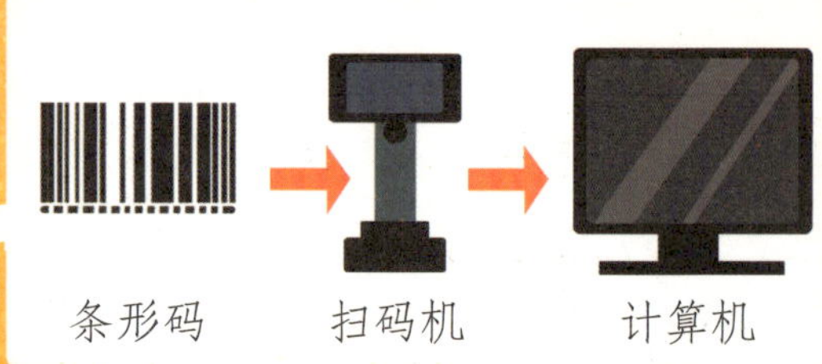

二维码的原理与条形码相同，只不过二维码能够储存的信息更多，能够发挥的功能更多。

便捷的生物识别技术

除了购物，我们日常的结算方式也受到了科技的影响。如果不是科技的发展，当购买的商品价格十分昂贵时，我们需要带着成箱的现金当场进行结算，是不是很费力？

而现在，我们利用手机或者其他设备通过指纹或人脸识别即可完成结算，这一切都要归功于生物识别技术。

你知道吗？

人的指纹具有唯一性，将指纹作为验证操作的密码，能极大地提高账户的安全性。

人脸识别技术也是一样，摄像头将人脸图像进行采集，系统会对人眼中的虹膜、脸上的鼻翼、嘴角等五官部位进行检测和对比，最终识别出用户的身份，这样，出门的时候就不需要带大量现金了！

无人便利店

随着科技的发展，有些城市出现了一种新型的零售模式——无人便利店。顾客经过面容识别进入商店，挑选完所有想要的商品以后，到自助收银系统上进行扫码支付，即可完成购物。无人便利店不再需要过多的售货员，仅需要一位员工完成补货、订货等工作。

神奇的现代医疗

科技的进步使社会的医疗水平逐渐提高，先进诊疗设备的应用能够帮助医生更好地服务于病人，也能够帮助医生更准确地诊断病人的症状。

简单的医疗机器人在院区内能够负责送药、导览、分诊等工作，只要将固定的程序植入到机器人的系统中，机器人就能自主运行，代替人工执行一些简单的工作。

胶囊胃镜

传统的胃镜检查需要将带有摄像头的管子插进食道，但在使用胶囊胃镜检查过程中，患者只需要随水吞服一粒“胶囊”，经过 15 分钟左右便可完成检查。

检查过程中，医生通过操控体外机器的磁场控制“胶囊”设备的运行，对病灶拍摄照片，这样既能减轻病人检查时所受的痛苦，也能避免交叉感染，还能提高诊断的准确度。约一天以后，“胶囊”即可随排泄物一起排出体外。

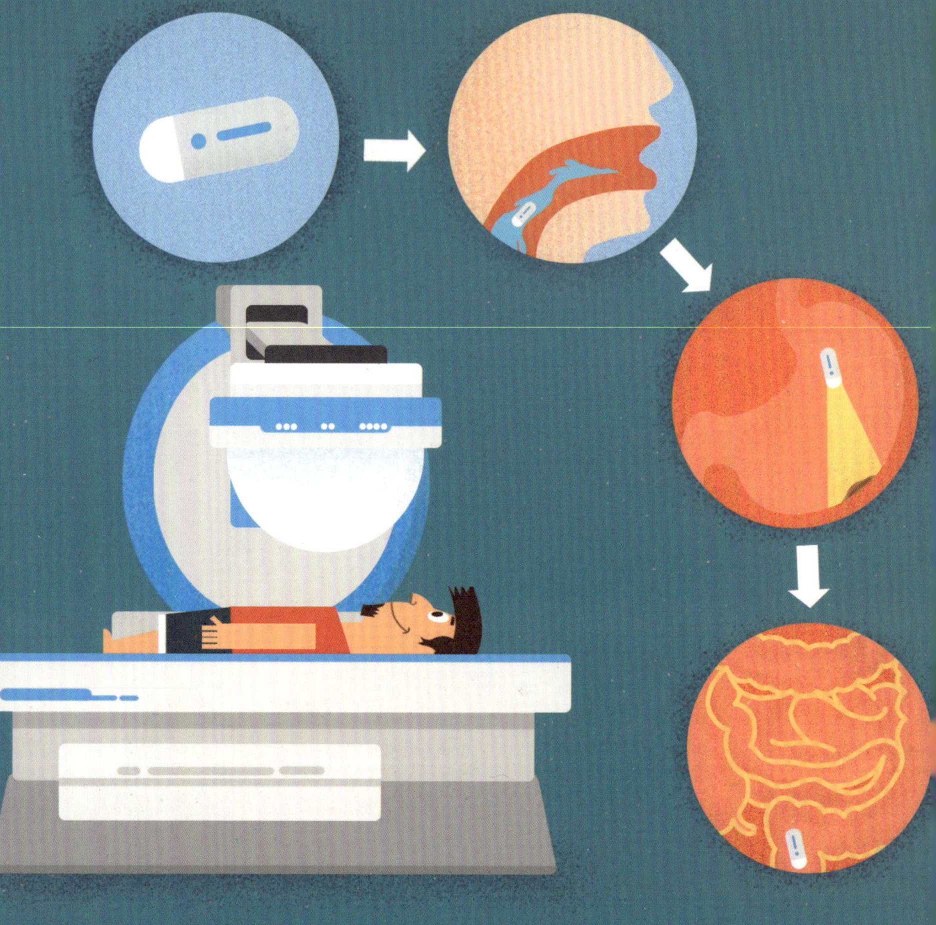

手术机器人

除了日常检查以外，科技的身影还出现在了手术室中，达芬奇外科手术系统——“达芬奇手术机器人”的应用就是很好的例子。

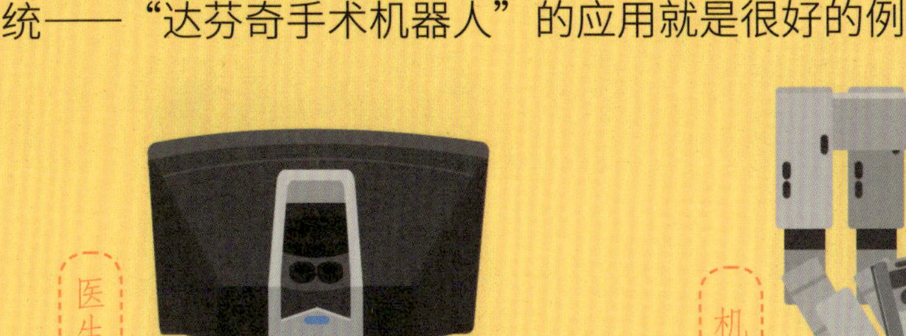

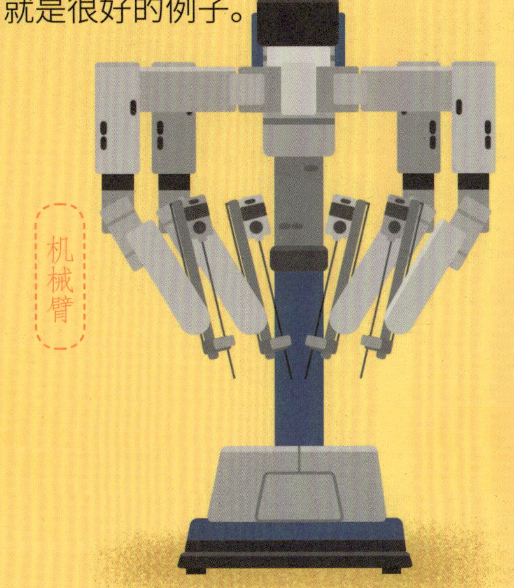

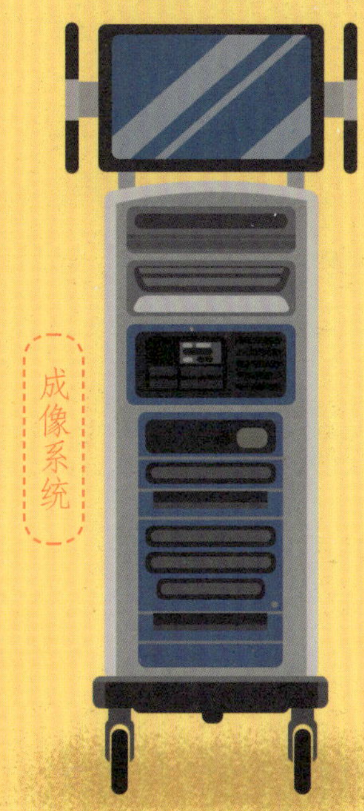

达芬奇外科手术系统由医生控制台、机械臂和成像系统三部分组成，进行手术的过程中，医生坐在控制台前，通过操纵机械臂进行手术。相比人手来说，机械的灵活度与精准度更高，能够更好地完成手术。而且因为创面小，患者愈合的速度也更快。

下肢外骨骼康复机器人

外骨骼机器人其实是一种穿在身上的外部结构，最初用于军事方面，以提高士兵的作战能力。现在，外骨骼机器人已经逐步应用于医疗康复领域。

外骨骼机器人能够帮助那些失去站立或者行走功能的患者进行康复训练，这种机器人能够减轻患者在康复训练中的负担，帮助患者更好地进行康复训练。

了不起的新能源

能源是指能够提供能量的资源。无论是科学技术的进步还是社会生产力的提升，都与能源的开发和有效利用程度紧密相连。在过去的几百年中，人类使用最多的能源有两种，一种是煤炭，另一种是石油。

传统能源的缺点

1 不可再生

煤炭和石油是远古生物在地层中形成的化石，这种化石的形成需要经过几千万年甚至几亿年。相比之下，我们消耗煤炭和石油的速度却快得多。

2 污染环境

煤炭和石油燃烧时，经常会产生多种气体污染物，造成大气污染。

3 增加二氧化碳的排放

煤炭和石油充分燃烧以后，会形成很多二氧化碳，导致“温室效应”，会让南极和北极的冰盖融化，导致海平面上升，进而淹没许多沿海地区。

新能源

除了传统能源之外，地球上还有很多可以利用的能源，比如水能、太阳能、风能等在自然界能够循环再生的能源。它们可再生、无污染、无碳排放，所以我们将它们称为新能源。

太阳能：太阳能发电站多建在日照充足的地区，主要是光热转化和光电转化。

水能：水电站多建在有水位高低差的河流、湖泊中，利用水流动的力量推动发电机产生电能。

风能：风力发电场多建设在沿海岛屿和高原风口区等地，利用风的力量带动发电机组产生电能。

美好的未来由你创造

回望历史，任何一种前沿的新技术，都不是一出现就完美的，只有把全人类的智慧和力量结合在一起，前沿科技才能冲破重重困境，以更高的速度向前发展。当然，在高速发展的同时，新能源技术也没有忘记探索其他可能性。

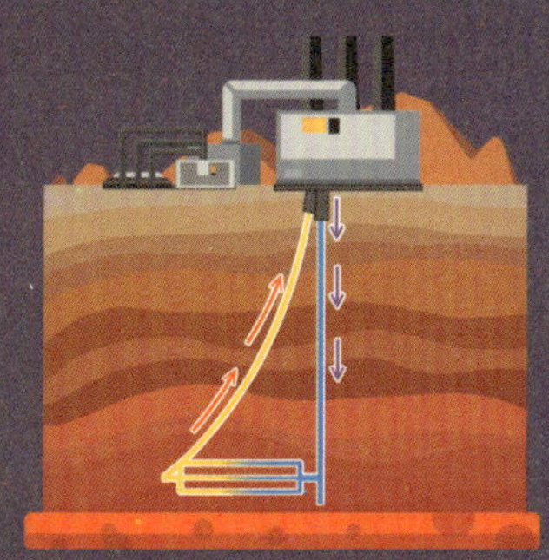

地热能：这种把管道延伸到地下 200 米的工厂叫地热能电站，它能提取地球内部熔岩含有的天然热能。

生物质能：在木屑、秸秆、树叶、动物粪便、厨房垃圾这样的生物物质中，也含有可以利用的能量，叫作生物质能。

核能：利用核能进行发电的“可控核聚变”。

人造太阳

太阳散发的光和热是维持地球上所有生命活动的必要条件，而太阳发光的秘密就在于它的组成成分。太阳主要由氢和氦组成，在太阳的核反应区内，氢和氦采用核聚变的方式发生反应，向外散发光和热。

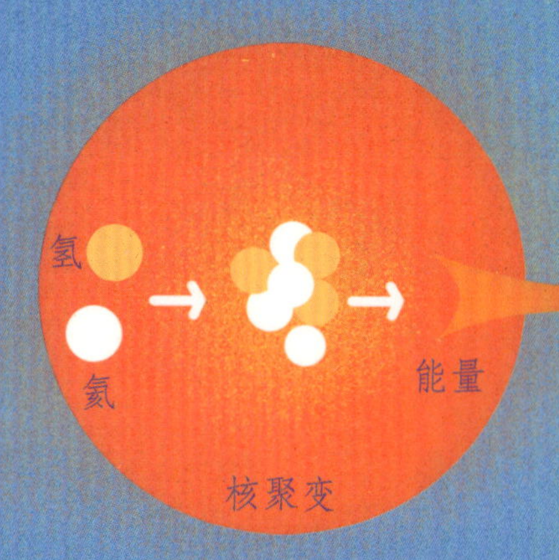

我们可以将太阳发出的光和热称为能量，想象一下，如此巨大的能量如果被用于日常生活中，会是什么样子。

这时候一个能产生大规模核聚变反应的超导托卡马克科学装置给人们带来了希望，它就是“人造太阳”。

太阳不是在天上好好的吗？为啥要再造个太阳？

这个“太阳”跟天上那个可不一样！

这个高 11 米，直径 8 米，重 400 吨，看上去像个大锅炉的庞然大物就是“人造太阳”的主机部分，由真空室、纵场线圈、极向场线圈、内外冷屏、外真空杜瓦、支撑系统等六大部件组成，在它的四周布满了大大小小的辅助加热、监测抽气和冷却装置。

人类不是已经有核电站了吗，还研究这个做什么？

核裂变所需的燃料十分有限，且产生的废料中还含有对环境十分有害的放射性物质，而核聚变的原料易得，产物也没有辐射污染，既能满足能量需要，对环境还十分友好，是十分理想的产能方式！

未来如果实现了“人造太阳”，那么我们的后代将获得一个水清天蓝、永续发展的世界。我们坚信这一天终将到来。

纳米是什么米？

纳米的科学与技术，被称为纳米技术，一种用单个原子、分子制造物质的技术。纳米技术的发展带动了与纳米相关的许多新兴学科。

衣：在纺织和化纤制品中添加纳米微粒，可以除味杀菌、消除静电现象。

住：玻璃和瓷砖表面涂上纳米薄层，可以制成自洁玻璃和自洁瓷砖，比起一般的玻璃和瓷砖，较易清洁或较为耐脏。

食：纳米食品色香味俱全，还有益健康。

医：用纳米技术制造成的微型机器人，其体积小于红细胞，通过向病人血管中注射，能疏通脑血管的血栓。

身边的纳米技术

在纳米世界里，分子的潜力是无穷无尽的！在未来的纳米世界里，可以看到纳米机器人经过不断的复制、组装，实现你想要各种物品的愿望，让我们向着纳米世界出发吧！

行：纳米材料可以提高和改进交通工具的性能指标。

你知道世界上最黑的材料是什么吗？

2014 年，英国科研团队发明了一种材料，能够吸收 99.965% 的光线，堪称“绝对黑”。而来自沙特阿拉伯的科学家也在随后制成了一种能够吸收 99% 的可见光的材料，这种材料就是通过纳米技术制成的。未来，这种材料将会被广泛应用于军事、天文等各个方面，用来解决光干扰的问题。

印出无限可能

你听过神笔马良的故事吗？故事中的神笔画什么都能成真，而现在，3D 打印技术也可以将你的画变成实物！

在电脑上输入文字，然后将电脑和打印机连接起来，打印机就会把油墨印在白纸上，而 3D 打印和普通打印的原理基本相同。3D 打印实际上是利用光固化和纸层叠等技术的最新快速成型装置。

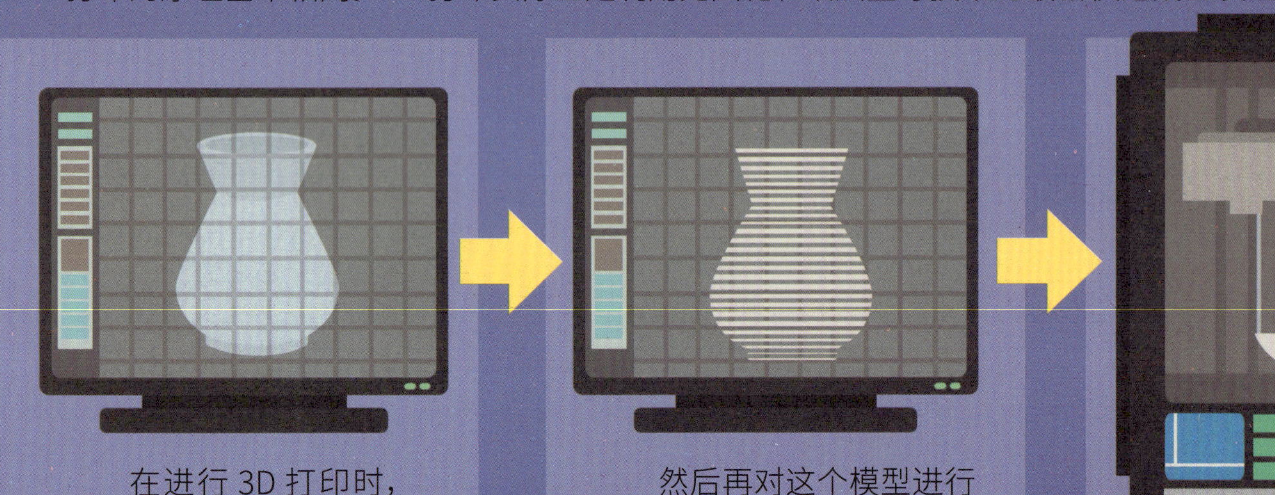

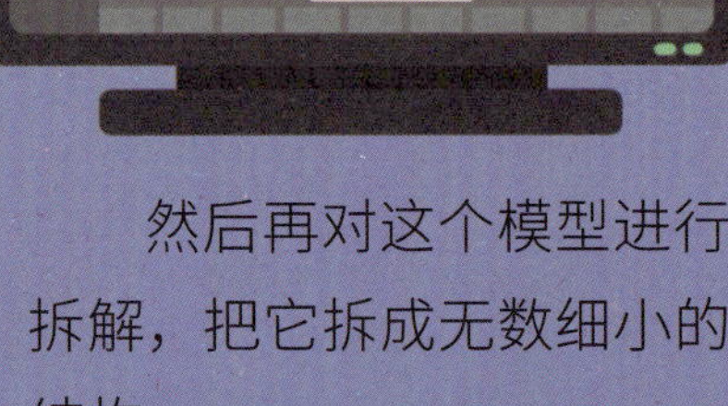

在进行 3D 打印时，我们首先需要在电脑上构建出物体的三维模型。

然后再对这个模型进行拆解，把它拆成无数细小的结构。

之后打印机就会通过逐层打印的方式将真实的物体制作出来。

3D 打印技术出现在 20 世纪 90 年代中期，目前已经被广泛应用于各个领域，小到模型制造，大到汽车，都能通过 3D 打印技术来制造。

在军事方面，美国已经有利用 3D 打印技术制造舰艇零部件的实验先例。

在航天方面，美国宇航局的工程师们也在试验利用 3D 打印技术制造火箭发动机的喷射器。

2020 年，我国发射的“长征五号”B 运载火箭上，搭载了一台“3D 打印机”，用以在太空中开展 3D 打印实验。

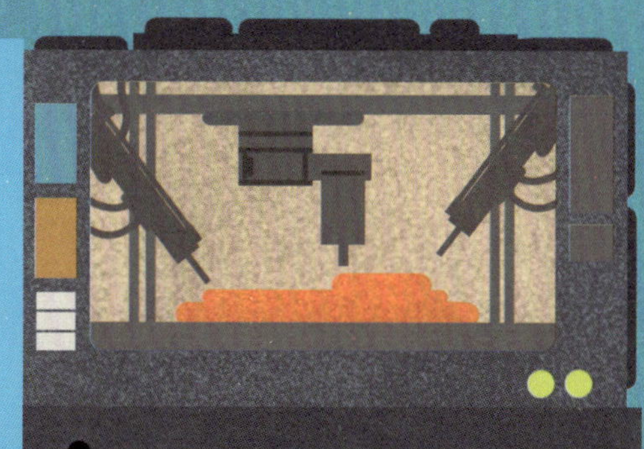

也许在不久的将来，我们的梦想就可以通过 3D 打印实现。

那我想要好多好多的小鱼干。

3D 打印技术除了应用于工业领域以外，也在逐渐向医学领域发展。

3D 打印义肢

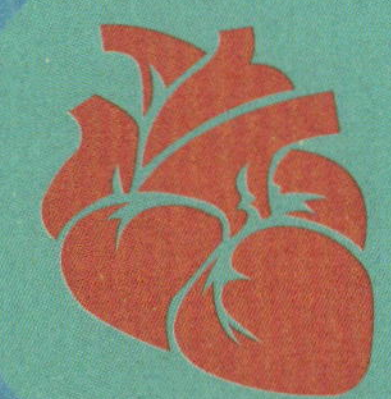

全球首个 3D 打印心脏，看起来就像一颗小小的樱桃。

你知道吗？

2019 年，研究人员利用患者的细胞作为原材料，打印出了全球首个人造心脏。虽然这种 3D 打印心脏短期内还无法应用于临床，但该项研究成果被认为是器官移植领域的重大突破。一旦这项技术发展成熟，人类将不再受限于必须寻找匹配的异体器官，并能有效避免异体移植存在排异反应的缺陷。

让世界更精彩

VR 技术又叫作虚拟现实技术，是通过一系列的程序和机械将虚拟和现实结合在一起的一种科学技术，通过佩戴 VR 设备，使用者可以有身临其境的感受。

如今，专业成熟的 VR 设备有很多种，例如 VR 眼镜、VR 头盔、VR 一体机等，有时候，更是只需要一部手机就可以体验 VR 的神奇。

啊呀呀！你不要过来啊！

别怕，这都是假的，这是 VR 技术！

VR 技术是一种全新的媒介，可以带你如身临其境地参加每一件大事。

利用 VR 技术，很多博物馆已经举办了多次线上展览，游客不方便实地参观时，只需要打开手机就能够看到展厅的全貌，甚至连一些展品的细节都能一览无余。

此外，很多人在购买或租赁房子时，也可以通过 VR 技术观看房屋的实景，大大节约了人们的时间成本，非常方便。

有了 VR 技术的加入，在未来的课堂里，很多知识都会变得生动逼真。比如，以前地理老师给我们讲青藏高原时，我们只能看看书上的彩色图片和数据。有了 VR，我们就可以飞到青藏高原的上空，全方位地感受雪山的雄伟与壮阔。当历史老师讲到郑和下西洋时，我们就可以乘坐这艘木帆船，与郑和一起在大海上探险，周游世界。

知识并不是学会了就行，还要不断地实践。但是，有的实践既昂贵又危险，在现实中很难实现，这可怎么办呢？别担心，VR 可以帮我们完成那些不可能完成的实践。

如果你是一名飞行员，你可以在 VR 中练习开飞机。

如果你是一名士兵，你可以和战友在 VR 中开展演习。

如果你是一名实习医生，你可以在 VR 中练习给病人做手术。

其实，VR 并不仅仅是一种显示技术，未来有可能彻底改变人类的社会生活。想象一下，以后所有的事情都可以在家里完成，我们每个人都可以想住哪里就住哪里，就算住在天涯海角，也可以在家里看奥运会、学知识……这是我们对 VR 技术的美好愿望，也是我们前沿科技所追求的目标。

破译基因的密码

不管是植物、动物，还是微生物，所有生物的体内都有基因。基因控制着生物体的构造和性能特征，每个生物体都拥有独一无二的基因。

一粒稻种能生根发芽，结出沉甸甸的稻穗，是因为其中藏着水稻的基因。

一枚鸡蛋能孵出小鸡，长成雄赳赳的公鸡，是因为其中藏着公鸡的基因。

你的身上有的地方像爸爸，有的地方像妈妈，是因为在你的身体里藏着爸爸和妈妈的基因。

如果把人体比喻成一座工厂，基因就是人体工厂运转的核心程序。程序运转正常的情况下，我们可以健康地成长；如果程序坏了，生产线上就可能会产生一些奇怪的蛋白质，最终会造成一些很难治疗的疾病。而要想把这些疾病彻底治好，就需要精确地对生物体基因组的特定目标基因进行修饰或修改，这种基因工程技术或过程叫作基因编辑。

基因编辑在医疗健康方面的应用

一方面，对于先天性基因突变致病患者，利用基因编辑技术改正突变的基因，可以为这些疾病的根治带来希望。另一方面，基因编辑技术还有望彻底治愈一些重大疾病，如利用基因编辑技术改造艾滋病病毒 HIV-1 携带者免疫细胞中的 CCR5 基因，可以使得细胞不再受 HIV-1 病毒感染，有望成为彻底战胜艾滋病的有力武器。

基因编辑在环境保护方面的应用

随着科技的发展，人类在生产出越来越多生活资料的同时，产生有害物质的数量和种类也在大幅度增加，环境污染已远远超出了自然界微生物的净化能力。基因编辑技术可以按照人们的意愿定向改造生物，一些经过基因编辑的细菌能把污染土壤的石油、农药和塑料吃下去，分解成无害的物质。

基因编辑在农业方面的应用

经过基因编辑改造的新型西红柿，营养物质更丰富，味道也更好；经过基因编辑改造过的新型蘑菇，在外面放好几天也不会变黑；经过基因编辑改造的新型水稻更耐寒，将来有可能在更寒冷的地方种植。

迅猛发展的基因编辑技术正在给我们的生活带来巨大的变化，但是在享受先进科学技术带来的种种福利的同时，我们也必须进一步加强对于基因编辑技术的基础研究以及应用管理，以确保这一先进技术得到正确而有效的应用。

太空旅行

地球是人类的摇篮，但人类不可能永远生活在摇篮中。当你把目光抛向浩瀚的太空，你会发现，地球不过是太阳系中一颗普通的行星，太空中还有很多的秘密等着我们去探索。

水星

金星

地球

火星

还有数不清的矮行星、卫星、小行星和彗星。

在未来，月球将可能成为人类探索宇宙的中转站。

木星

土星

人类太空探索历史上的 8 个标志

1 第一艘载人飞船

1961 年 4 月 12 日，苏联成功地发射了世界上第一艘载人飞船“东方 1 号”。

2 第一次太空行走

1965 年 3 月 18 日，苏联发射了“上升 2 号”飞船，列昂诺夫成为太空行走第一人。

3 第一次太空对接

1969 年 1 月 14 日，苏联发射载人飞船“联盟 4 号”，1 月 16 日与“联盟 5 号”对接成功。

4

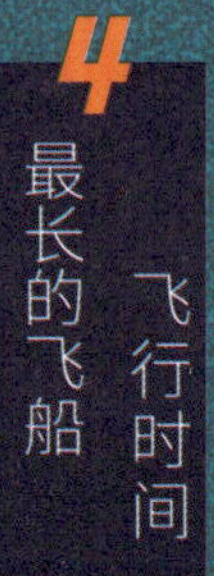

1970 年 6 月 1 日，苏联发射了“联盟 9 号”飞船，在太空飞行 17 天 16 小时 58 分 55 秒。

载人航天技术

载人航天技术就是宇航员乘坐航天器到外太空从事研究的飞行活动。但是人自己是没有办法飞起来的，所以这个过程需要借助各种飞行器的力量，比如火箭。

海王星

天王星

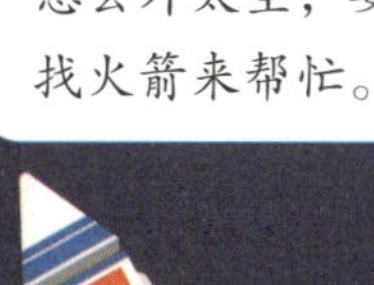

飞机拥有机翼，在特定的角度与起飞速度下利用机翼上下表面的压强差飞行，就像空气托着飞机一样。而火箭升空，则需要依靠发动机燃烧燃料提供的反作用力。火箭就像个快递人员，把各种航天设备送出大气层，我们熟知的“嫦娥号”卫星、神舟飞船等，都是搭载火箭飞出去的。

太空旅行

除了登陆月球以外，各国也在积极建设自己的空间站。2021 年 6 月 17 日，我国自主研发的“神舟十二号”载人航天飞船将聂海胜、刘伯明、汤洪波 3 名航天员送入太空，进驻“天宫”空间站。

5 第一座空间站 1971 年 4 月 19 日，苏联发射了世界上第一座空间站“礼炮 1 号”。

6 最长的空间站运行时间 1986 年 2 月 20 日，苏联成功地发射了“和平号”空间站的核心舱，“和平号”空间站运行了 15 年。

7 第一次进入月球轨道 1968 年 12 月 21 日，美国的“土星 5 号”火箭发射升空，这是人类第一次环绕月球飞行。

8 人类第一次登月 1969 年 7 月 20 日，美国“阿波罗 11 号”飞船在着陆约 6 小时后，航天员阿姆斯特朗钻出登月舱，登上月球表面。

未来的生活

科技从诞生一路发展到现在，为我们的生活提供了各种各样的便利，改变了我们的生活方式。试想一下，如果科技继续创新突破，未来会如何变化。

智能家居

我们的身边已经有很多智能家居产品了，例如扫地机器人、智能电视、智能音响等。科学家将更贴近人类思考方式的程序植入机器的芯片中，它们就能够根据使用者的习惯、喜好等计算出接下来需要执行的动作，在我们的生活中扮演管家的角色。

智能课堂

如今，VR 技术在游戏领域的应用已经十分成熟了，玩家能够置身于游戏场景中，体验近乎真实的游戏过程。想象一下，当 VR 技术走进课堂时，我们的课堂会变成什么样。

无人驾驶

科技的发展放飞了人们的想象力，很多早年间科幻小说里面的情节也逐渐变得真实起来，比如无人驾驶。

无人驾驶汽车集自动控制、体系结构、人工智能、视觉计算等众多技术于一体，是计算机科学、模式识别和智能控制技术高度发展的产物。它利用车载传感器来感知车辆周围环境，并根据获得的道路、车辆位置和障碍物信息，控制车辆的转向和速度，从而使车辆能够安全、可靠地在道路上行驶。

我们不再需要死记硬背任何枯燥的时间点，就能够了解过去的事情。

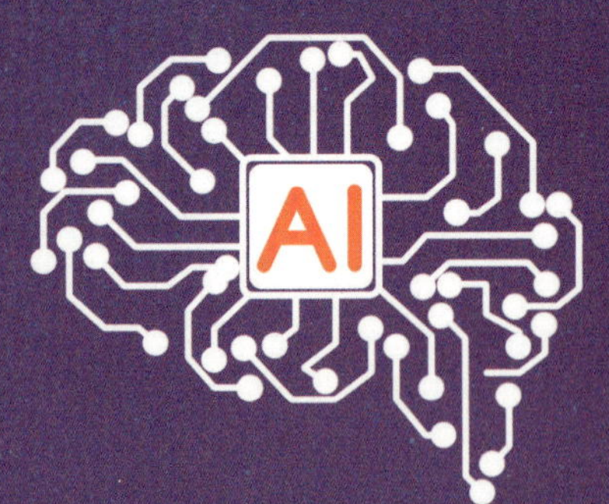

人工智能时代

人工智能是一种类似人类智能的智能机器，因为很善于模仿人类的思考过程，所以被称为人工智能。

挖掘数据的秘密

屏幕上的文字、图片、动画视频等都是数据，甚至我们的身高、体重、姓名、性别、长相，在机器眼中也全是数据。人工智能和其他计算机程序一样，用数据来理解万事万物，它们能够从海量的数据中把秘密挖掘出来。

比一比谁的本领高

森林中的猎豹靠双腿跑得很快，可汽车跑得比猎豹还快，但它靠的不是腿，而是车轮。

大海里的鲸鱼靠鳍状肢游得很远，可潜水艇游得比鲸鱼还远，但它靠的不是鳍状肢，而是螺旋桨。

天空中的雄鹰靠翅膀飞得很高，可喷气飞机飞得比雄鹰还高，但它靠的不是翅膀，而是喷气式发动机。

机器用它们特有的方式去模仿着身边的一切，有时候甚至表现得比人类还聪明。可它们靠的却不是大脑，而是计算机程序。

人工智能也要夜以继日地学习

经过坚持不懈的学习，人工智能发育出了一张又一张完善的虚拟神经网络。有了这些虚拟神经网络，人工智能才能从不同类型的数据中挖到不同的小秘密，才能正确地模仿人类的思考过程。

人工智能能代替人类完成标准化的劳动

只要一项工作能够分解成几个步骤，并且每个步骤都能被简化成标准的动作，人工智能就一定能学会并帮人类更快更好地完成它。

人工智能正在帮助无人车学会自动驾驶。

打开手机拍张照片，人工智能就能快速地把全部资料都翻译好。

不认识路时，人工智能可以自动导航，自动规划路线。

强人工智能真的能实现吗？

我们在科幻电影里看到的那些像人类一样，有自己的思想和兴趣，会哭会笑，敢爱敢恨的人形机器人，它们拥有的智能很强大，科学家叫它们强人工智能。虽然它们的躯体仍然是机器，但它们已经拥有了人的灵魂。未来，强人工智能真的能够实现吗？这个问题，我想只有未来才能回答。

科技带来的思考

科技进步带来的改变将越来越大，渗透性也将越来越强！人与人的互动也将突破更大的时空限制。面对未来，我们是否真的做好了准备？

微信红包从出现到普及只用了一天。

电话从出现到普及用了半个世纪。

电视机从出现到普及用了上百年。

智能手机从出现到普及，只用了不到10年，未来也许会变成一粒米大小的东西。

脆弱的环境

从人类出现开始，就一直在利用智慧去改变着自己的生活条件，力求提高自己的生活水平，与此同时，自然环境也在被改变着。

明火的使用、取暖的需要、蒸汽机的出现都增加了煤炭的消耗；汽车、飞机等交通工具的发展又促使了石油消耗量的增加。这些化石燃料都属于不可再生能源，过度开采会破坏地球的生态环境，排放的污染物日益增多也是造成环境污染的原因之一。

下降的记忆力

电子产品可以说是现代人生活中必不可少的一部分，很多人喜欢开着电脑玩手机，但其实这种习惯并不好，这种行为会使人们的记忆力下降。

我们的大脑分为很多部分，当我们从外界接收到信号时，每个部分发挥的功能是不一样的。当我们同时使用多个电子设备时，会得到很多不同的信号，例如文字、声音、图像等，大脑就需要调动很多区域处理这些信息，长此以往，我们的记忆力就会下降。

小朋友们一定要学会科学地使用电子设备，不要沉迷其中！导致我们记忆力下降的原因是一心二用的坏习惯，而不是电子设备的存在哦！

科技的发展让我们逐渐走进更高的文明，但不论是什么技术，都有各自的优缺点，我们既不能因为科技的力量太过强大而停止前进的脚步，也不能越过道德伦理和法律的界限去一味地谋求发展。科技是把双刃剑，只有创造和使用这把剑的人保持清醒，才能使它成为保卫自身的武器。

图书在版编目（CIP）数据

这就是科技 / 恐龙小Q少儿科普馆编. — 北京 ：北京出版社，2023.1
（哇，科学可以这样学）
ISBN 978-7-200-17196-9

Ⅰ. ①这… Ⅱ. ①恐… Ⅲ. ①科学技术 — 少儿读物 Ⅳ. ①N49

中国版本图书馆 CIP 数据核字（2022）第 098019 号

哇，科学可以这样学
这就是科技
ZHE JIU SHI KEJI
恐龙小 Q 少儿科普馆 编
*
北京出版集团
北京出版社 出版
（北京北三环中路 6 号）
邮政编码：100120
网 址：www.bph.com.cn
北京出版集团总发行
新华书店经销
北京天恒嘉业印刷有限公司印刷
*
710 毫米 ×1000 毫米 8 开本 7 印张 120 千字
2023 年 1 月第 1 版 2023 年 1 月第 1 次印刷
ISBN 978-7-200-17196-9
定价：68.00 元
如有印装质量问题，由本社负责调换
质量监督电话：010-58572393

恐龙小 Q

恐龙小 Q 是大唐文化旗下一个由国内多位资深童书编辑、插画家组成的原创童书研发平台，下含恐龙小 Q 少儿科普馆（主打图书为少儿科普读物）和恐龙小 Q 儿童教育中心（主打图书为儿童绘本）等部门。目前恐龙小 Q 拥有成熟的儿童心理顾问与稳定优秀的创作团队，并与国内多家少儿图书出版社建立了长期密切的合作关系，无论是主题、内容、绘画艺术，还是装帧设计，乃至纸张的选择，恐龙小 Q 都力求做得更好。孩子的快乐与幸福是我们不变的追求，恐龙小 Q 将以更热诚和精益求精的态度，制作更优秀的原创童书，陪伴下一代健康快乐地成长！

原创团队

创作编辑：陈芊屹
绘　　画：高锦涛
策 划 人：李　鑫
艺术总监：蘑　菇
统筹编辑：毛　毛
设　　计：王娇龙　赵　娜